Freilichtmuseum Finsterau

Martin Ortmeier

Freilichtmuseum Finsterau
Bauernhäuser und ihre Geschichte

Passavia

Dem Andenken von Josef Graf,
Franz Stegbauer und Franz Moosbauer

Layout: Martin Ortmeier, Passau

Titelabbildung: Petzi-Hof im Freilichtmuseum Finsterau

2., erweiterte Auflage 1995
Printed in Germany
Verlag Passavia Passau
Gesamtherstellung: Passavia Druckerei GmbH Passau
ISBN 3-87616-153-3

Inhalt

Vorwort

In den fünfzehn Jahren seines Bestehens hat sich das Freilichtmuseum Finsterau bei seinen Besuchern und in Fachkreisen breite Anerkennung erwerben können. Dazu wurde bereits bei der Auswahl des Museumsgeländes die Grundlage geschaffen. Am Rand der Wälder des Nationalparks und Böhmens, auf einer flachen Anhöhe über dem kaum bebauten Reschbachtal, ist das Museum in die 280 Jahre alten Fluren des Waldhufendorfes Finsterau eingebettet.

Der langsame aber stete Aufbau bietet immer wieder neue Einblicke in die Siedlungs- und Baugeschichte des Bayerischen Waldes. Das Entstehen eines besonderen Freizeit- und Bildungsangebotes geht im Freilichtmuseum Finsterau Hand in Hand mit kulturwissenschaftlicher Arbeit. Sonderausstellungen zu verschiedenen volkskundlichen Themen tragen dazu bei, den Auftrag des Museums zu erfüllen: Einsichten in die wirtschaftlichen, baulichen und sozialen Gegebenheiten der fernen und jüngsten Vergangenheit des Bayerischen Waldes zu vermitteln.

Freude und Erholung, Anregung und Vermittlung sollen in diesem Museum zu gewinnen sein. Diesem Ziel immer näher zu kommen, dient der weitere Ausbau des Freilichtmuseums Finsterau. Gemeinsam mit dem Freilichtmuseum Massing wird dieses Museum eines Tages alle bäuerlichen Hauslandschaften des Bezirks Niederbayern an ausgewählten Häusern und Höfen repräsentieren.

Sebastian Schenk
Bezirkstagspräsident
Verbandsvorsitzender

Haus eines Urwald - Einwohners b. Haidmühle

Bauernhäuser im Bayerischen Wald

Nadelholz und Naturstein standen den Bauern des Bayerischen Waldes seit jeher für ihren Hausbau zur Verfügung. Das Bauholz holten sie aus dem zur Hofstelle gehörigen Wald, zum Mauern verwendeten sie die Steine, die sie aus den Äckern geräumt hatten. Bis tief ins 19. Jahrhundert wurden die Häuser größtenteils aus Holz errichtet. Nur für die Stallungen wurde Steinmauerwerk bevorzugt.

Der Bayerische Wald und der angrenzende Oberpfälzer Wald, ebenso der Böhmerwald, sind erst seit wenigen Jahrhunderten besiedelt. Das rauhe Klima mit den langen Wintern und die kargen Böden verlangten eine gut organisierte Landwirtschaft, handwerklich gearbeitete Ackergeräte und dauerhafte Häuser. Diese Voraussetzungen waren erst im hohen Mittelalter erfüllt.

Ausgehend von frühen Siedlungen im donaunahen Vorwald wurden zunächst die klimatisch bevorzugten Lagen gerodet und besiedelt: die Further Senke etwa oder der Lamer Winkel. Außerdem entstanden entlang den Handelssteigen nach Böhmen Dörfer.

Im Gefolge der ständig weiter in den Wald vordringenden Glashütten ließen die Grundherren neue Siedlungen in immer größeren Höhen anlegen. Aber erst in der Neuzeit, im 17. und 18. Jahrhundert, wurden mit Orten wie Waldhäuser, Finsterau oder Firmiansreut die Grenzwälder bis zu tausend Meter Höhe erobert.

Aus der Frühzeit der Besiedlung haben sich im Bayerischen Wald keine Häuser erhalten. Die ältesten stammen aus der Zeit nach dem Dreißigjährigen Krieg, sie sind also kaum mehr als dreihundert Jahre alt. So verschieden die Bauernhäuser in diesem Raum auch untereinander sind, haben sie doch so viel gemeinsam, daß man von einem eigenen Haustyp, dem Waldlerhaus, sprechen kann.

Das Wohnstallhaus vom Kapplhof im Freilichtmuseum Finsterau zeigt die Eigenheiten dieses Haustyps ganz deutlich: Nach der Sonnenseite liegt im Erdgeschoß eine große, beheizbare Stube. Sie ist von einem Flur, der soge-

◁◁ Das Haus mit dem steilen Scharschindeldach und dem Schopfwalm war vor allem im Grenzgebiet zu Böhmen verbreitet, deshalb wird es gern als Böhmerwaldhaus bezeichnet. Auf einem Sockel aus Feldsteinmauerwerk war dieses Haus in St. Oswald (Lkr. Freyung-Grafenau) vollständig in Holzblockbauweise errichtet.

◁ Als um 1930 diese Postkarte angefertigt wurde, galt – wie in den Jahrhunderten zuvor – die waldreiche Gegend entlang der tschechischen Grenze offenbar noch als Urwald. Ebenso urtümlich mußte auch damals bereits das flache Legschindeldach erschienen sein.

nannten Flez, aus zu erreichen. Hinter der Stube liegt noch ein kleinerer Raum, die Schlafkammer der Bauersleute. Eine eigene Küche gibt es nicht: gekocht wird seit langem auf einem geschlossenen Herd in der Stube, zuvor war in der Flez ein offenes Herdfeuer gebräuchlich. Der Wohnteil des Hauses ist aus vierkant behauenen Holzbalken gezimmert. In diese Blockwände, die an den Ecken sorgfältig verzinkt sind, sind ursprünglich kleine, nachträglich vergrößerte Fenster eingeschnitten. An den Wohnteil des Hauses schließt ein gemauerter Stall an.

Das flach geneigte Dach ist an den Seiten und über den Giebeln weit herabgezogen, damit die Holzwände besser vor Wind und Wetter geschützt sind. Außerdem entsteht so ein trockener Gang entlang der Hauswand, der zum Lagern von Brennholz und als häuslicher Arbeitsplatz dient. Das Dach ist mit langen Holzschindeln eingedeckt, die nur mit Stangen und Steinen festgehalten sind. Solche Dächer sind aus den Alpenländern bekannt, von wo sie vor Jahrhunderten vermutlich auch übernommen worden sind. An der sonnigen Seite befindet sich vor dem Giebel ein Balkon, der Schrot. Er ruht auf den Deckenbalken, die hier ein Stück über die Wand hinausgezogen sind.

Bei den meisten alten Bauernhäusern im Bayerischen Wald befindet sich der Eingang an der Längsseite unter der Dachtraufe, aber es gibt auch viele Häuser, die die Haustür an der Giebelseite haben. Verwunderlich ist aber vor allem, daß es auch Häuser mit steilem Dach gibt. Oft stehen Gebäude mit flach geneigtem Legschindel- oder Falzziegeldach und solche mit Steildach in einem Bauernhof beisammen. Dieses steile Dach war früher mit ausgedroschenem Roggenstroh gedeckt, später nagelte man Scharschindel auf, heute tragen sie eine Blechhaut oder Biberschwanzziegel. An der Giebelseite ist das Dach nur halb herabgezogen. Dieser Schopfwalm schützt, wie auch das flach geneigte Legschindeldach, meist einen Schrot.

In der jüngeren Vergangenheit ließen die Bauern ihre Häuser nicht mehr aus Holz bauen. Zweigeschossige, verputzte Ziegelbauten prägen seit dem 19. Jahrhundert mehr und mehr das Bild der Dörfer. Nur bei der Stube hielt man länger am Bewährten fest und beließ sie in Kantholzblockbau. Das Wohnhaus des Petzi-Hofes im Freilichtmuseum Finsterau, das zuletzt 1867 umgebaut worden war, ist ein gutes Beispiel dafür.

Der sogenannte Sesselofen ist ein Vorderlader, bei dem ein Kochherd und ein gekachelter Wärmeofen kombiniert sind.

Die Dorfstraße war ein Wirtschaftsraum voller Leben.
Der Rhythmus der Häuser entlang der gewundenen Straße ist in Oberdiendorf bei Hauzenberg bis heute erkennbar.

Dieses stattliche Bauernhaus in Inderbogen im Landkreis Straubing-Bogen blieb bis heute erhalten. Bemerkenswert sind die bemalten Fensterläden, der umlaufende Schrot, der Oberbodenschrot und der zusätzliche Schrot über dem Stall. Auch die einfache Putzgliederung am gemauerten Erdgeschoß trägt zur Schönheit dieses Hauses bei.

Der Wimmer in Besensandbach besaß einen rundum geschlossenen Hof. Das halb hölzerne Wohnhaus blickte mit zwei Schroten und einer hohen, gemauerten Gred zur Dorfstraße.

Weil sie nicht so hochwertiges Futter brauchen wie Pferde, waren Ochsen bis in unser Jahrhundert im Bayerischen Wald als Zugtiere bevorzugt.

Freilichtmuseum Finsterau

Daß man Häuser, ja sogar ganze Bauernhöfe mit mehreren Gebäuden in ein Museum bringt, gibt es erst seit wenig mehr als einhundert Jahren. Bei den alten Holzhäusern war das zunächst gar nicht so schwer: Balken für Balken wurden die Häuser zerlegt und im Museum wieder zusammengebaut, schöner als sie je zuvor waren.

Erst in jüngerer Zeit wurde man darauf aufmerksam, daß dabei die Spuren der Zeit und des Lebens, die das Haus an seinem ursprünglichen Ort erfahren hatte, verloren gehen. Deshalb wird nun bei der Übertragung der Häuser genauer jede Besonderheit, jede Abnutzung, jede Umbauspur, alle Kleinigkeiten, die zu einem ehedem bewohnten Haus gehören, wahrgenommen und mit ins Museum geholt. Man legt nun auch Wert darauf, daß die Einrichtung des Hauses erhalten bleibt. Und zwar nicht nur die schönen Möbel und Kleider, die wertvollen Schüsseln und Geräte, sondern die tausend Dinge des Alltags, von der geflickten Arbeitsschürze bis zur Feldpostkarte, die hinter den Spiegel geklemmt ist.

Das Freilichtmuseum Finsterau hat vier seiner Bauernhöfe in dieser Weise aufgebaut: den großen Petzi-Hof, Kapplhof und Tanzer-Hof und das armselige Sachl. Hausgartl, Misthaufen und Backofen, die Johannisbeerstauden und der wildwachsende Holler, Kamille und Wegerich auf den Trittfluren, das aufgeschlichtete Brennholz ..., diese Dinge lassen einen Bauernhof mit seinem ganzen alltäglichen Umfeld im Museum wiedererstehen. Und auch in den Wohn- und Wirtschaftsgebäuden ist bei diesen vier Höfen alles so, wie es bei den Bauern und bei den Häuslern im Bayerischen Wald einmal war: in den zwanziger und dreißiger Jahren (Petzi-Hof) oder um 1950/60 (Kapplhof und Tanzer-Hof). Das Sachl ist mit allen Umbauten und der gesamten Einrichtung so im Museum wiederhergestellt, wie es vor nun achtzehn Jahren von seiner letzten Besitzerin verlassen worden war.

Aber auf dem Land gab es nicht nur Bauernhöfe: In den Dörfern standen Kirchen oder Kapellen, Wirtshäuser und Hirtenhäusl und die Werkstätten des Schmieds und des Schreiners. Aber das soll nicht alles im Freilichtmuseum Finsterau wieder so zusammengetragen werden, es ist kein Dorf, sondern ein Museum. Die ganze vergangene Welt, die zu dem wenigen gehört, was wir in unserem Museum sammeln konnten, muß der Besucher selbst in Gedanken wiedererschaffen. Die bis ins kleinste Detail rekonstruierten Häuser, aber auch Bilder und Texte hel-

Erst in ihrem gestalteten Umfeld mit Hausgarten und Steinrain entfalten die Häuser des Museums ihre geschichtliche Aussagekraft.

fen dabei. Das wirkliche Leben, mit seinen Freuden, seinen Hoffnungen und Ängsten, kann im Museum nicht simuliert werden.

Daß Bauernhöfe nie für sich allein bestanden, sondern stets in einem vielfältigen sozialen und praktischen Umfeld existierten, deuten im Museum die Dorfschmiede, das Straßenwirtshaus „Ehrn", der Kohlenmeiler, das abseits stehende Flachsbrechhaus und nicht zuletzt die alten Flureinteilungen des Museumsgeländes an. Schafe, Hühner und Tauben und zeitweise auch Rinder beleben die Museumshöfe. Gelegentlich wird Brot in den alten Holzbacköfen gebacken, in der Schmiede arbeitet der Schmied und auf den Feldern werden Roggen, Flachs und Kartoffeln angebaut.

Handwerksvorführungen beleben immer wieder die Höfe des Museums. Aber es sind nicht mehr viele, die das Holzschuhmachen noch beherrschen.

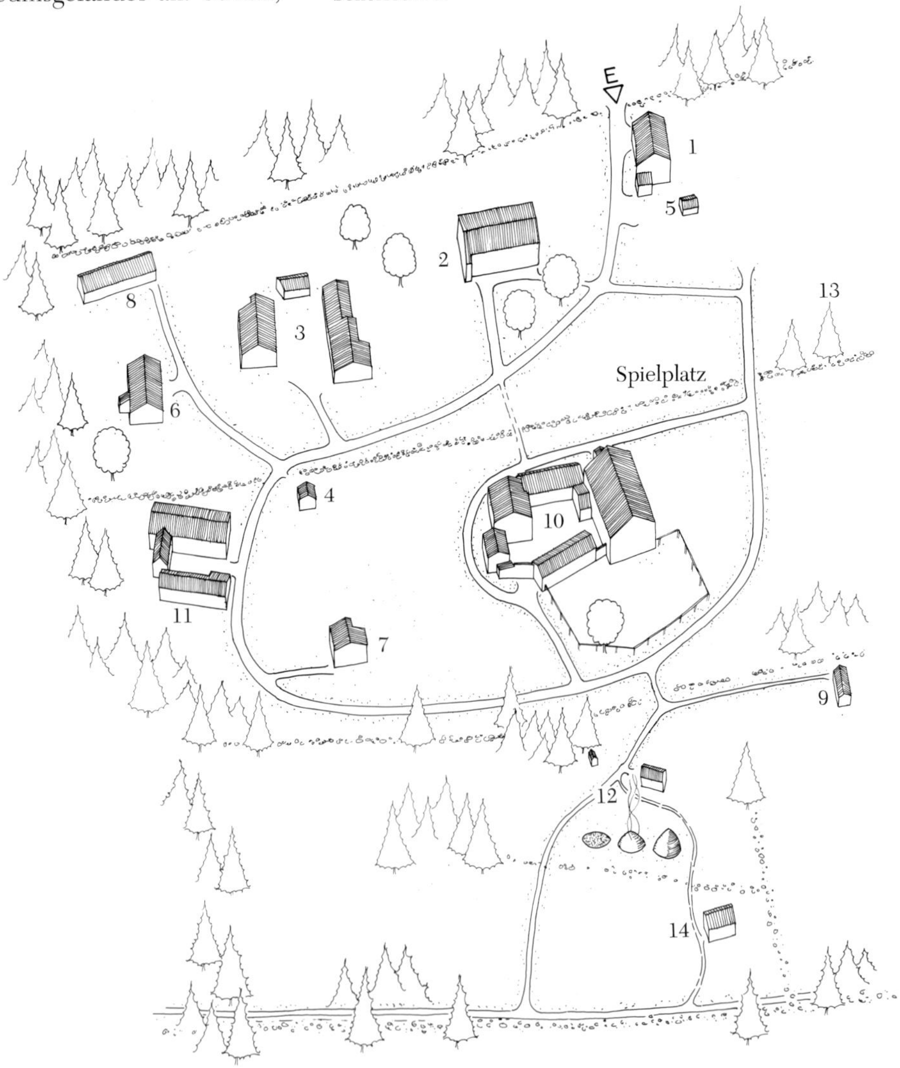

1 Dorfschmiede
2 Ehrn (Museumsgaststätte)
3 Kapplhof
4 Dörrboden
5 Backofen aus Bösmaign
6 Sachl
7 Raidl-Haus
8 Granitstall
9 Flachsbrechhaus
10 Petzi-Hof
11 Tanzer-Hof
12 Kohlstatt
13 Bauhof (nicht für Besucher)
14 Hirschkopfhütte

Die Schmiede aus Grattersdorf

Schmiede aus Grattersdorf, Lkr. Deggendorf; erbaut wohl 18. Jahrhundert, starke Umbauten im 19. und 20. Jahrhundert: Fenster vergrößert, Dach aufgesteilt; zweigeschossiger Holzblockbau mit giebelseitigem Eingang und Schrot; Holzdatierung belegt einen stärkeren Umbau um 1835/36; Geräte in der Schmiedewerkstatt aus einer Schmiede in Pankofen (Lkr. Deggendorf) und aus Finsterau; Beschlaghütte 20. Jahrhundert, als Ersatz für einen gleichgroßen Vorgängerbau; ehemaliger Wirtschaftsteil mit Stall und Stadel im Museum Neubau mit Kassen- und Verwaltungsräumen; abgebrochen 1978, wiederaufgebaut 1979, Neugestaltung 1990 mit Roßkastanie, Backofen aus Bösmaign (s. S. 46) und wildwachsenden Pflanzen auf Trittflur, Stein- und Sandhaufen, an Holzstößen usw.

Einfache Gerätschaften aus Holz stellte fast jeder Bauer selbst her. Und wenn er das nicht konnte oder wollte, so gab es genug Kleinbauern, Häusler, die sich mit Rechen-, Schaufel- und Sensenstielmachen, mit Schindelschlagen, Körbezäunen und dergleichen ein dürftiges Zubrot verdienen wollten. Im Inhaus des Petzi-Hofes ist eine solche „Holzbitzler"-Werkstatt eingerichtet.

Für alles, was mit Eisen zu tun hatte, waren die Bauern jedoch auf den Dorfschmied angewiesen. Deshalb genoß er auch meist ein besonderes Ansehen. Er fertigte die Beschläge für die Wagen, Pflüge und Eggen, er schmiedete Fenster- und Türbeschläge, machte Ofentürl, Ketten und einfache Schlösser. Und er war für das Beschlagen der Pferde und Zugochsen zuständig, die Huf- und Klauenpflege mit eingeschlossen.

In der Beschlaghütte vor der Schmiedewerkstatt war für diese Arbeiten stets ein Platz freigehalten. In einen Querriegel zwischen den Säulen des Vordaches sind Ringe eingelassen, an denen die Tiere zum Beschlagen angebunden werden konnten. Dieser hölzerne Riegel ist von den Pferden im Lauf der Jahre ganz blankgeleckt worden.

Gleich neben der Hütte führt über ein paar Stufen die Haustür in einen Flur, die Flez, von dem seitlich Türen in die Stube und die Werkstatt führen. Eine breite Tür geht unmittelbar aus der Beschlaghütte in die Werkstatt. Dort sind auf einem gestampften Lehmboden die Geräte aufgestellt, die der Schmied für seine Arbeit braucht: der Amboß, eine Ständerbohrmaschine aus den zwanziger Jahren, eine Gesenkplatte, eine Reifenbiegemaschine. An den Wänden hängen viele verschiedene Zangen, Schlag- und Setzhämmern, die der Schmied sich gewöhnlich selbst angefertigt hatte. Im hinteren Teil des Raumes sind zwei große Essen errichtet, von denen aber nur eine, die nachträglich eingebaut worden war, in Betrieb ist. Über Blase-

bälge in einer Kammer im Stockwerk darüber wird die Kohlenglut in der Esse bei Bedarf angefacht.

Zur Grattersdorfer Schmiede gehörte auch eine kleine Landwirtschaft. Deshalb war der rückwärtige Teil des Hauses ein Stadel, in dessen Erdgeschoß ein Stall eingebaut war. Dieser Teil des Hauses ist aber nicht erhalten. Der mit Brettern verschlagene Neubau von Kasse und Verwaltung deutet die ursprüngliche Größe des Hauses an.

Oft war der Schmied nicht einmal der Besitzer des Hauses. Entweder der Grundherr oder die Dorfgemeinschaft der Bauern hatte das ganze Anwesen mitsamt der Schmiedewerkstatt errichtet und an einen Schmiedemeister verpachtet.

Franz Xaver Trum war der letzte Schmied in der alten Grattersdorfer Schmiede. Feriengäste haben diese Photographie 1959 angefertigt.
Wenn das Schmiedefeuer in der Esse glüht, beginnt die karge Schmiedewerkstatt zu leben. An den Wänden hängen die verschiedenen Zangen und Hämmer bereit, auf dem rohen Lehmboden stehen die großen Geräte verteilt. Unmittelbar neben der Esse steht der Amboß.

Das Straßenwirtshaus Ehrn

Straßenwirtshaus Ehrn, Gde. Kollnburg, Lkr. Regen; erbaut 1840; zweigeschossiges Wohnstallstadelhaus, Erdgeschoß gemauert, Obergeschoß und Giebel Holzblockbau, Stadel verbretterter Ständerbau; am Giebelschrot ornamentale Zimmermannsmalerei.

Einrichtung der Wirtsstube aus Wirtshäusern in Oberösterreich und im Landkreis Freyung-Grafenau; im Museum moderne Einbauten für Gastwirtschaft und Sonderausstellungen; abgebrochen 1976, wiederaufgebaut 1979/80.

Etwas abseits von der Ortschaft Dörfl im Landkreis Regen stand an einer Weggabelung das Wirtshaus Ehrn. Es war Ausschank und Herberge für Reisende und es war Ort vieler Familienfeiern und Feste.

Obwohl nur wenig Grund und Boden zu diesem Wirtsanwesen gehörte, und wenn auch die Quellen berichten, daß die Ehrn ständig bei ihrem Bierbrauer verschuldet war, so dürfen wir doch annehmen, daß deren Betrieb ein einträgliches Geschäft war. Das ganze Haus, das 1840 neu erbaut wurde, zeugt vom Selbstbewußtsein und Repräsentationswillen der Besitzer: Das massiv gemauerte Erdgeschoß mit seinen dicken Wänden hat großzügige Fenster, die in eine geräumige Wirtsstube blicken. Vor dem Obergeschoß, das in Blockbau errichtet ist, verläuft an der Traufseite ein Schrot, dessen verbretterte Brüstung farbig gefaßte Blendarkaden trägt. Vor dem Dachgeschoß ist im Giebeldreieck ein einfacher Stangenschrot angebracht, über den ein Taubenkobel zugänglich ist. Die Konsolen dieses Schrots sind mit bunter Zimmermannsmalerei versehen. Über der Wirtsstube befindet sich im Obergeschoß ein Tanzsaal. Möbliert ist dieser Saal nur mit einigen Tischen, einer umlaufenden Bank und einem Musikpodium.

In der Wirtsstube fallen besonders der Kachelofen mit dem reich „gemodelten“ Aufsatz und die Wandkästchen mit dem neugotischen Dekor auf. Sie stammen aus ähnlichen Gebäuden. Küche und Toiletten sind modern eingerichtet, weil die Ehrn auch im Museum als Gasthaus dient. Demnächst soll neben der Wirtsstube wieder ein Stüberl eingerichtet werden, wie es vor der Übertragung noch bestanden hatte.

Zur Ehrn gehörten am alten Standort noch einige Nebengebäude: ein Schlachthaus, in dem vor allem die von den Küchenabfällen gemästeten Schweine geschlachtet wurden, ein Eiskeller, wo die Eisblöcke, die den Winter über aus den Weihern gesägt worden waren, während des

Sommers gelagert wurden, bis sie zum Bierkühlen Verwendung fanden, und – jenseits der Straße – eine Kegelbahn mit einem Salettl, in dem sich die Schützen zu ihrer Gesellschaft zusammenfanden.

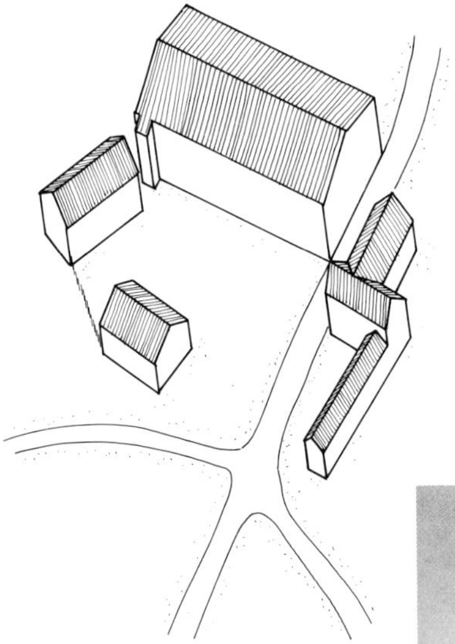

Das Wirtshaus mit seinen Stuben und Kammern, mit seinen Ställen und dem Stadel konnte übertragen werden, aber nicht die große Linde im Wirtsgarten. Verloren gingen auch die Nebengebäude des Wirtsanwesens: Schlachthaus, Eis- und Bierkeller, Backofen, Salettl und Kegelbahn.

▷ Wenn man im schneereichen Finsterauer Winter aus der warmen Wirtsstube in die kalten Kammern der Bauernhäuser kommt, vergißt man die idyllischen Vorstellungen, die man sich gern vom Landleben macht. Man ist dann froh, wenn man sich in der Stube des Petzi-Hof-Wohnhauses wieder aufwärmen kann.

Der Kapplhof aus Trautmannsried

Kapplhof, aus Trautmannsried, Gde. Drachselsried, Lkr. Regen; offener Dreiseithof aus Wohnstallhaus, Getreidekasten und Stallstadel, entsprechend der Hofsituation im frühen 19. Jahrhundert.

Wohnstallhaus erbaut 1835; Umbauten frühes 20. Jahrhundert; eineinhalbgeschossiger Kantholzblockbau mit rekonstruiertem Legschindeldach, Stall aus Feldsteinmauerwerk mit Balken-Bohlen-Decke.

Getreidekasten datiert 1712; geständerter Kantholzblockbau mit rekonstruiertem Legschindeldach; der trapezförmige Grundriß an der Westseite ist durch die enge bauliche Situation zu erklären.

Stallstadel datiert 1816; aus Reichenberg, Lkr. Freyung-Grafenau; verbretterter Holzständerbau mit rekonstruiertem Legschindeldach; eingebauter Schafstall aus Feldsteinmauerwerk mit nachträglich eingezogenem Schienengewölbe.

An der östlichen Stadelwand außen Kreuz mit geschnitztem Kruzifix aus Perlesöd, Gde. Freyung, Lkr. Freyung-Grafenau, stark restauriert.

Bis 1972 haben die ledigen Geschwister Josef, Franz Xaver und Maria Danzer den Kapplhof bewirtschaftet. Sie konnten auf eine ungebrochene Familientradition bis 1462 zurückblicken, als ein Martin Khäpl von den Wittelsbachischen Herzögen ein Gut in Trautmannsried auf Erbrecht verliehen bekommt. Jahrhundertelang tragen die Besitzer des sogenannten Kapplhofes den Namen Khäpl, Khäppel oder Kappl, bis 1863 Anna Maria Kappl einen Georg Danzer heiratet. Von 25 Tagwerk (ca. 8 ha) Grundbesitz war der Kapplhof zuletzt bis auf 150 Tagwerk (ca. 50 ha) angewachsen.

Als 1972 der letzte der Geschwister Danzer starb, war der Hof mit seinen alten Gebäuden nutzlos geworden und drohte zu verfallen. Deshalb wurde 1974 das Wohnstallhaus und der Getreidekasten für das Freilichtmuseum Finsterau gekauft. Die alten Häuser wurden sorgfältig abgebaut und im Museum wiedererrichtet. 1980 wurde der „neue" Kapplhof in Finsterau eröffnet.

In Form eines offenen Dreiseithofes, wie er im Inneren Bayerischen Wald häufig vorkam, sind das Wohnstallhaus und der Getreidekasten des alten Kapplhofs und ein dazu passender Stallstadel zueinandergruppiert. Alle drei Gebäude tragen ein flach geneigtes Legschindeldach. Zum Hof gehört außerdem ein kleiner Hausgarten mit einfachem Gemüse, ein paar Johannisbeerstauden und einigen Blumen. Und es gibt eine Hundehütte, ein Klohäusl, einen gemauerten Backofen und einen hölzernen Schweinestall. Das Haupthaus ist im nach Süden gerichteten Wohnteil ein Kantholzblockbau, der wohl 1835 er-

Auch im harten Leben der Waldbauern nahm der Wunsch nach Schmuck Raum ein: Die ornamental gesägten Schrotbretter von 1835, die Blumen im Hausgarten und der geschnitzte Herrgott an der Stadelwand brachten ein bißchen Freude und Farbe in den Alltag. Sie zeugen auch vom Geltungsbedürfnis der Hofbesitzer.

richtet wurde. Bauteile eines Vorgängerbaus von 1605 wurden im Obergeschoß bei den Zwischenwänden wiederverwendet. Im späten 19. Jahrhundert wurden im Erdgeschoß die Fenster vergrößert. Sie waren ursprünglich viel kleiner.

Der Stall, im rückwärtigen Teil des Hauses, ist aus Feldsteinen gemauert. Erst vor einigen Jahrzehnten war er noch ein ganzes Stück verlängert worden, damit mehr Rinder im Stall gehalten werden konnten. Zur gleichen Zeit wurde auch bei der Stube eine Wand, deren Holz offenbar verfault gewesen war, durch Ziegelmauerwerk ersetzt.

In die Stube gelangt man durch eine geräumige Flez, in der in früheren Jahrhunderten wohl auch gekocht worden war. Zuletzt stand in der Stube ein emaillierter Sparherd, auf dem gekocht und mit dem auch die ganze Stube beheizt wurde. Es war genau dieser Ofen, der auch jetzt im Museum wieder in der Stube steht. Und auch der Tisch, die Stühle und das geflickte Kanapee sind originale Ausstattungsstücke des alten Kapplhofs.

Geschlafen haben die Bauersleute in der kleinen Kammer nebenan. In der darauffolgenden, noch kleineren Kammer, in der jetzt der Webstuhl steht, wohnte zeitweise eine Austragsbäuerin. Die ledigen Kinder hatten ihren Schlafplatz im Dachboden, der aus der Bauernschlafkammer und aus der Flez jeweils über eine Treppe zu erreichen ist.

Im Getreidekasten bewahrte der Bauer das ausgedroschene Brot- und Saatgetreide auf. Das war ein wertvoller Besitz, deshalb wurde dieses Gebäude mit besonderer Sorgfalt gezimmert. Und weil man auch stets darauf geachtet hat, daß das Dach dicht war, blieb der 1712 erbaute Kasten des Kapplhofs bis heute erhalten. Nur die hölzernen Ständer, auf denen der eigentliche Kasten frei von der Feuchte des Bodens ruht, sind erneuert worden. Wie wichtig auch der Schutz vor Diebstahl war, zeigen die verschiedenen Schlösser, die sich an der Innenseite der schweren Tür erhalten haben. Über dieser Tür sind mit Rötel auf ein „Kopfbandl", eine hölzerne Querstrebe, die Initialen AK und die Jahreszahl 1712 aufgemalt. Die Initialen stehen für Adam Khäppel, der den Getreidekasten neu errichten ließ.

Der Stadel stammt aus Reichenberg im Landkreis Freyung-Grafenau. Das flache Legschindeldach birgt Osen, Tenne und Schafstall. Der eingebaute Stall aus Feldsteinmauerwerk ist mit Schienengewölben, sogenannten Preußischen Gewölben eingedeckt. In die Firstsäule am Rand der Tenne ist das Erbauungsdatum 1816 eingeschnitten. Die Ständerkonstruktion der Wände ist außen mit Brettern verschlagen. Seit 1988 ist an der Hofseite des Stadels ein geschnitztes Kruzifix aus Perlesöd bei Freyung montiert. Der heutige Zustand nach der Restaurierung läßt nicht mehr erkennen, in welch schlechtem Zustand dieses Werk bei seiner Auffindung war.

Ein paarmal im Jahr herrscht reges Leben in der alten Stube des Kapplhofes, und im ganzen Haus riecht es nach den Kücheln, die im Schmalz auf dem Herd gebacken werden.

Über der Tür ist dieser alte Getreidekasten des Kapplhofs 1712 datiert. Hier bewahrte der Bauer sein wertvollstes Gut auf, das ausgedroschene Getreide. Der trockene Platz unter dem Kasten dient zum Abstellen von Geräten.

Nur noch in den Museen gibt es die Legschindeldächer, die bis zur Jahrhundertwende im ganzen Bayerischen Wald und darüber hinaus zu finden waren.
Beim Kapplhof ist auch der Stadel mit Legschindeln gedeckt. Die sorgfältig gesägten Schrotbretter am Wohnhaus stammen wie das ganze Haus aus dem Jahr 1835.

Die Stube mit Herd, Kanapee und Tisch, die Kammern mit Schrank und Betten sieht man fast in jedem Museumsbauernhof. Der Dachboden jedoch, die Rumpelkammer mit ihren vielen abgelegten aber vielleicht wieder einmal benötigten Sachen wird meist vergessen. Beim Kapplhof und beim Petzi-Hof, die ganzheitlich eingerichtet sind, wurde auch dieser Raum wieder geschaffen.

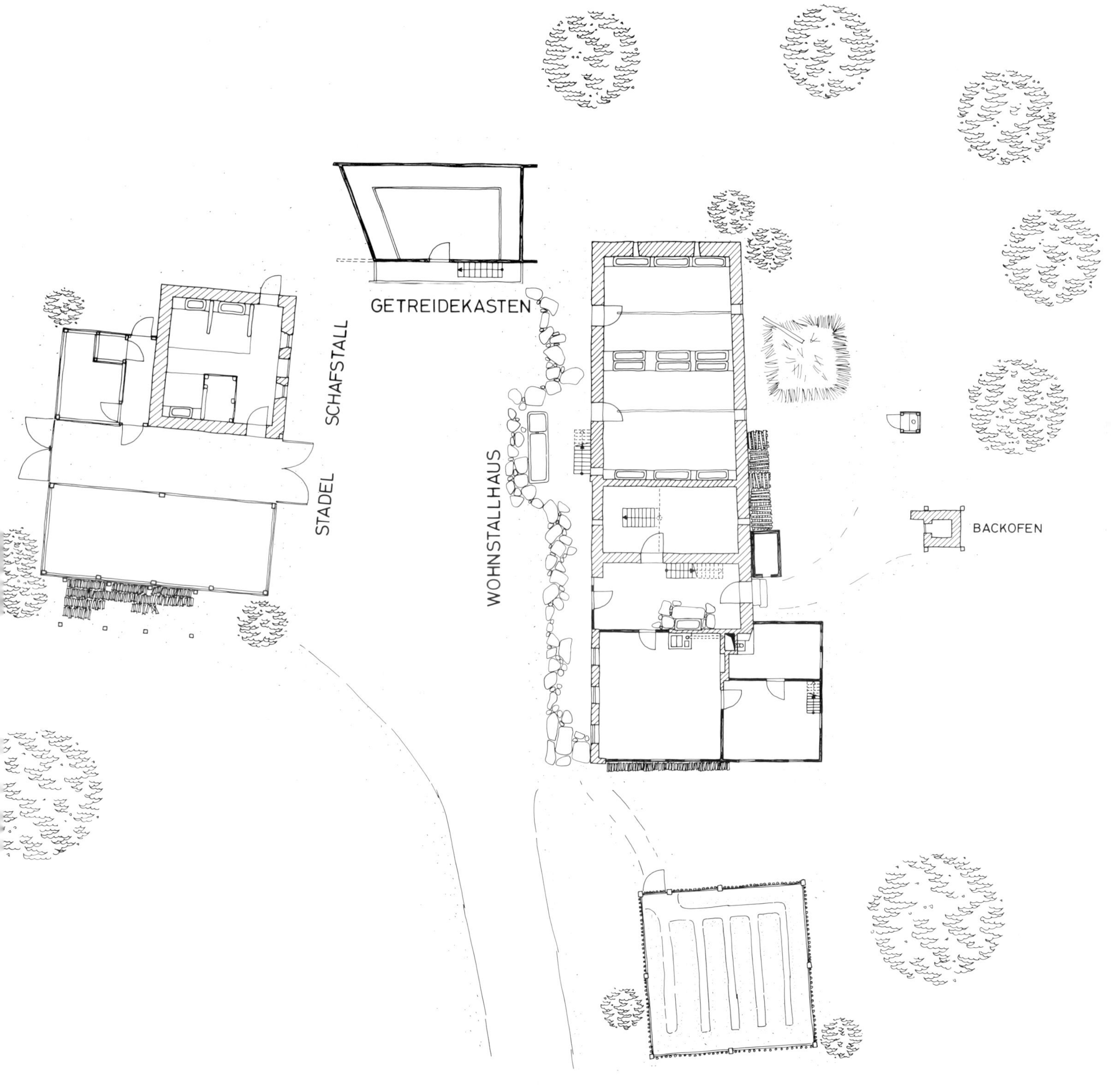
GETREIDEKASTEN
SCHAFSTALL
STADEL
WOHNSTALLHAUS
BACKOFEN

Das Sachl aus Rumpenstadl

Sachl aus Rumpenstadl, Gde. Röhrnbach, Lkr. Freyung-Grafenau; erbaut vermutlich 1766, Umbauten 1848 und 1914; eineinhalbgeschossiges Wohnstallstadelhaus, nachträglich aufgesteiltes Dach mit Falzziegeldeckung, ursprünglich Legschindeldach; Mischbauweise: Kantholzblockbau, Feldsteinmauerwerk und verbretterter Holzständerbau; Originaleinrichtung nach dem Bestand von 1978, Textilien und Geschirr z. T. ergänzt, landwirtschaftliche Geräte ergänzt; verformungsgerecht vermessen und abgetragen 1980/81, wiedererrichtet 1982 bis 1984.

Dieses kleine Anwesen hat schon im 19. Jahrhundert seinen Hofnamen verloren. Der ursprüngliche Schwankl-Hof ging in den siebziger Jahren des 19. Jahrhunderts zugrunde. Mit dem Verkauf des Wohnstallhauses, das jetzt im Museum steht, wurde im Jahr 1872 dieser Vorgang eingeleitet. Zwar blieb um dieses Kernstück des Hofes ein schmaler Hofstreifen und eine Hauswiese erhalten, aber daran schloß nur ein einziger Flurstreifen an.

Der Hof kam nie mehr weit über 2½ ha hinaus, er war ein Kleinhäusel geworden, ein Sachl. Alois Graf, der das Sachl in Rumpenstadl von 1903 bis zu seinem Tod im Jahr 1946 besaß, war als Steinhauer und Gredsetzer oder -ausbesserer tätig. Außerdem sammelte er in Rumpenstadl und dessen Umgebung Beiträge für die Krankenkasse ein.

Der Nebenerwerb Alois Grafs ermöglichte zunächst Umbau- und Erweiterungsmaßnahmen und eine bescheidene Vergrößerung des Grundbesitzes. Der frühe Tod der Frau und danach der älteren der beiden Töchter führten aber das Anwesen zunächst in einen wirtschaftlichen Stillstand und nach dem Tod Alois Grafs in den Niedergang. Die Tochter Karolina Graf, die den Hof von 1946 bis 1978 allein bewirtschaftete, konnte das Haus nur mühsam erhalten. Als 1980 das Freilichtmuseum das Gebäude von einem Zwischenbesitzer erwarb, war es bereits einsturzgefährdet. Daß die Möbel weitgehend erhalten geblieben sind, ist nur auf deren geringen Wert als Antiquitäten zurückzuführen.

Dieses individuelle, aber dennoch typische Schicksal eines Bauernhofes sollte im Museum nachvollziehbar werden. Zu diesem Zweck wurden alle Einbauten der ur-

Das Sachl in Rumpenstadl, 1766 erbaut, hat mehrmals sein Aussehen verändert: 1848 wurde das ganze Erdgeschoß erneuert und zum Teil ausgemauert, 1914 wurde das Dach steiler gemacht und mit Falzziegeln eingedeckt. Der Schrot an der Giebelseite verlief ursprünglich wohl über die ganze Breite des Hauses.

sprünglich an beiden Seiten dreifenstrigen Stube erhalten, die jüngere Küche mit dem mobilen Herd wurde wieder eingerichtet, und die Fassungen der Möbel, Türen und Fenster wurden nicht erneuert, sondern sorgfältig in ihrem Bestand konserviert.

Wenn man an der Traufseite das Haus betritt, gelangt man zunächst in eine mit unregelmäßigen Feldsteinplatten belegte Flez, aus der Türen in die Wohnung, in den Stall und in den Stadel führen. In den Wohnräumen ist man verwundert über die zwei Kochherde. Der ältere der beiden ist gemauert und besitzt einen kleinen gekachelten Aufsatz. Er war einmal der Mittelpunkt einer großen Stube. Als Anna Graf noch lebte, wurde von dieser Stube mit einer Bretterwand eine Küche abgetrennt. Damit sie auch weiterhin vom Herd aus einen freien Blick auf den Hof hatte, hat ihr Mann in diese Wand ein kleines Fenster eingebaut.

Die zweite Küche richtete sich die Tochter Karoline ein. Der alte, gemauerte Herdofen war durchgebrannt, deshalb stellte sie den kleinen emaillierten Sparherd, das Geschenk einer Cousine, in die Stube. Und sie tat das, was ihr Vater fünfzig Jahre vorher schon einmal getan hatte: Sie trennte mit einer Wand eine weitere Küche von der Stube ab.

Nur aus dieser Situation und aus der geistigen Verfassung der letzten Bewohnerin ist diese seltsame Einrichtung zu erklären. Im Schlafzimmer, das an die drei Stubenräume anschließt, waren bis zuletzt die beiden Betten ihrer Eltern erhalten, von denen sie wohl eines benutzte. Aber auch in der primitiven Kinderkammer auf dem Dachboden stand noch das Bett, in dem sie als Kind mit ihrer Schwester geschlafen hatte.

Das Sachl birgt unter seinem Dach alles, was zu einem bäuerlichen Anwesen gehört: Eine steile Steintreppe führt aus der Flez in einen gewölbten Keller, ein kleiner Stall für zwei Rinder und zwei oder drei Schweine, ein in den Kamin eingebauter Backofen und ein Hühnerstall sind vorhanden und es gibt einen Stadel mit einer Tenne, auf der der leichte Heuwagen Platz fand, den die beiden Kühe ziehen konnten. Diese Tenne hat erst Alois Graf angebaut, beim alten Schwankl-Hof war vor seiner Vertrümmerung ein freistehender Stallstadel vorhanden.

Von außen ist deutlich zu erkennen, daß dieses Haus nicht in einem Stück so entstanden ist. Der Blockbau des Dachgeschosses stammt von 1766. Allerdings wurde das Dach 1914 steiler gemacht, damit mehr Bergeraum für das Heu entstand. An der Verbretterung des Giebels ist dieser Umbau deutlich zu erkennen. Die Stube mit der schwarzen Holzdecke und den Blockwänden ist durch die eingeschnitzte Jahreszahl 1848 datiert. Zu diesem Zeitpunkt wurde vermutlich auch der gemauerte Teil des Erdgeschosses hergestellt. Mehrmals verändert wurde außerdem der Bereich des Kamins und des Herdes. Alle diese Umbauten, Reparaturen und Nutzungsänderungen haben ihre Spuren hinterlassen, an denen wir die Geschichte des Hauses ablesen können.

Die Muster der Vorhänge in der Stube des Sachls sagen sehr deutlich, in welche Zeit wir versetzt werden: in die fünfziger und sechziger Jahre. Die Bank, der Tisch und die Stühle, aber auch die gedruckten Heiligenbilder im Herrgottswinkel sind jedoch ein paar Jahrzehnte älter. Für die armen Bewohner des Sachls waren sie dennoch gut genug.

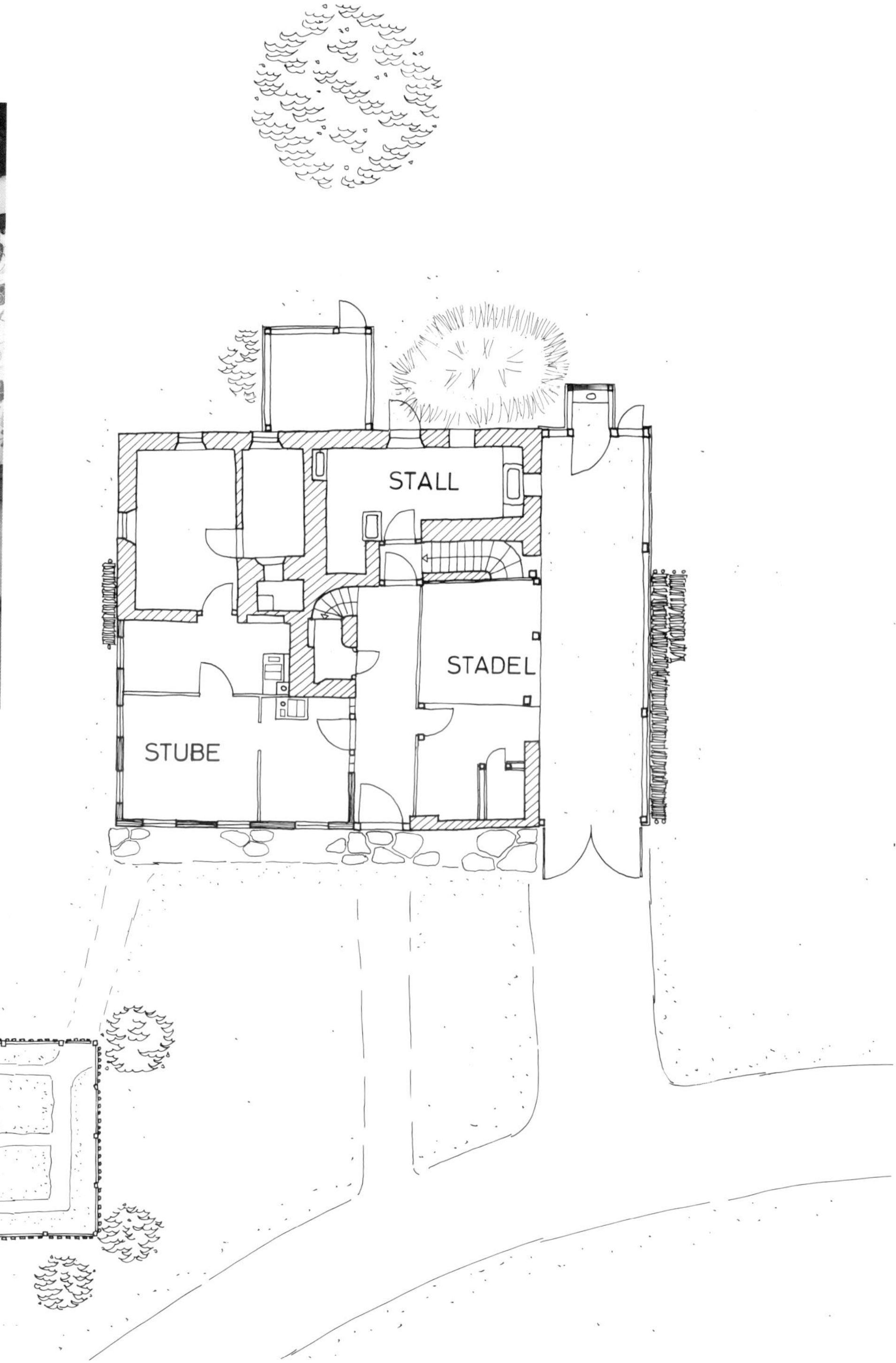
STALL
STADEL
STUBE

Der Tanzer-Hof aus Einberg

Tanzer-Hof aus Einberg, Stadt Grafenau, Lkr. Freyung-Grafenau; geschlossener Dreiseithof: Wohnstallstadelhaus (1879, flach geneigtes Falzziegeldach, renoviert 1922), Wirtschaftsgebäude mit Werkstatt, Backofen, Wagenschupfen u. a. (1900, steiles Dach mit Biberschwanzdekkung, Mauerteile des Erdgeschosses stammen vermutlich von einem Vorgängerbau), Tennbrücke (1887, steiles Dach mit Biberschwanzdeckung); Stadelteil des Haupthauses und Tennbrücke sind rekonstruiert; Darstellungszeitraum um 1960.

Die Ausstattung ist zum Teil rekonstruiert, im Obergeschoß des Wohnhauses sind Medien und Unterrichtsräume eingerichtet, der Stall wird in den Wintermonaten bewirtschaftet. Das Umfeld des Hofes, mit Garten, Schwemme, Obstbäumen und Wildpflanzen, ist rekonstruiert. Die bedeutende Ausmalung der Schlafkammer und der Fassadendekor stammen von 1922.

1879 Gründung des Anwesens, ab 1970 Einstellen der Bewirtschaftung, 1984 Entdeckung, 1989 Dokumentation, 1990–1994 Übertragung ins Freilichtmuseum.

Das Gelände wurde für den Tanzer-Hof modelliert, die Ausrichtung nach der Sonne entspricht dem ursprünglichen Standort im Angerdorf Einberg.

Als 1978 die Liste der Baudenkmäler in Bayern im Entwurf abgeschlossen wurde, war der Tanzer-Hof schon nicht mehr bewohnt. Wohl weil er keine Blockbauteile enthielt, schien er damals nicht denkmalwürdig zu sein. Der Stadelteil des Haupthauses und die Tennbrücke waren bereits kurz nach 1970 abgebrochen worden. Der Hof verfiel, wurde mehrmals aufgebrochen und geplündert, Regen drang durch die Dächer und zerstörte die Reste der Ausstattung, die 1984 noch erhalten war, als der Hof vom Freilichtmuseum entdeckt wurde. Hofform, Wirtschaftsgröße und Bautechnik erschienen bereits damals geeignet, das Darstellungsprogramm des Freilichtmuseums Finsterau abzurunden. Aber erst 1989, als die Besitzverhältnisse am Tanzer-Hof sich geklärt hatten und als mit Hilfe von Fördermitteln der Europäischen Gemeinschaft und der Bayerischen Landesstiftung dem Träger des Museums eine Finanzierung gelang, konnte mit der Erforschung und Übertragung des Hofes begonnen werden. In der Zwischenzeit war der Verfall weit fortgeschritten, ohne jedoch die besonders wertvollen Dekore in der Schlafkammer und an der Wohnhausfassade wesentlich zu gefährden. Für die Rekonstruktion des Hofes stand Albert Tanzer (geb. 1928) zur Verfügung. Er war am Tanzer-Hof aufgewachsen und hatte dort jahrelang mit seinem Vater und seinen zwei Brüdern gearbeitet.

Der Tanzer-Hof steht an der Schwelle von der traditionellen, auf weitgehende Selbstversorgung ausgerichteten Landwirtschaft und der modernen, technik- und markt-

orientierten. Er hat diese Schwelle nicht mehr überschritten.

Der Tanzer-Hof wurde 1879, also erst vor gut 100 Jahren, im Angerdorf Einberg bei Grafenau gegründet. Michael Tanzer hieß der junge Bauer, sein Hof war ein Ableger eines wohlhabenden Bauernhofes im selben Ort. Weil seit der Gründung der Ortschaft Einberg, im 13. Jahrhundert, nicht alle zwölf Hausstellen, die geplant waren, besiedelt wurden, war für den Tanzer-Hof ein Bauplatz in der Reihe der Häuser am Dorfanger frei. Nur ein Zuhaus zum Mutterhof belegte einen kleinen Teil dieser Hofparzelle. Mit anfangs 10, später 15 Hektar Wald, Wiesen und Feldern war das Anwesen aber zu klein für eine stabile, selbständige Bauernwirtschaft. Der Hof konnte eine Familie und bis zu 8 Stück Großvieh ernähren, aber er konnte keine Dienstboten finanzieren. Nur durch die dauerhafte Mitarbeit aller Familienmitglieder konnte der Betrieb aufrechterhalten werden. Als 1913 der Sohn Josef Tanzer den Betrieb übernahm, brachte er Geld und technisches Wissen und auch einen Kraftfahrzeugführerschein von seiner Militär- und Dienstbotenzeit im Rheinland mit. Seine Heirat mit Katharina Friedl im Jahr 1922 versorgte das Anwesen zusätzlich mit einem Heiratsgut, drei Söhne ließen eine erfolgreiche Zukunft erwarten. Der damals geschaffene Fassadenschmuck und die Ausmalung der Schlafkammer bringen diese Erwartung zum Ausdruck. Die Wirtschaftskrisen der zwanziger Jahre, der frühe Tod der Bäuerin im Jahr 1939 und der Krieg, dem zwei der drei Söhne dienten, verwehrten dem Tanzer-Hof diese Zukunft.

Der Tanzer-Hof war einer der ersten Betriebe in Einberg, die einen Traktor kauften: 1955. Albert Tanzer, der jüngste der drei Brüder, berichtet von den Entbehrungen, die die Familie hinnehmen mußte, damit sie das Geld für den Traktor sparen konnte. Bis zum Tod des Bauers Josef Tanzer im Jahr 1970 hatte der Hof immer wieder mit großen finanziellen Schwierigkeiten zu kämpfen. Der älteste Sohn, der den Hof übernehmen sollte, blieb ledig. Er war krank und lebte nach dem Tod des Vaters in einer Klinik. Deshalb verfiel der Tanzer-Hof. Die allgemeine Technisierung in der Landwirtschaft, die für die Höfe des Bayerischen Waldes typische Spezialisierung auf Milchwirtschaft, all die damit verbundenen Um- und Neubauten erlebte der Tanzer-Hof nicht mehr. Er ist nun im Museum ein Zeugnis kleinlandwirtschaftlicher Verhältnisse, die prägend waren für das 19. Jahrhundert und viele Jahrzehnte des 20. Jahrhunderts, Verhältnisse, die in der internationalen Verflechtung des Landbaus nicht mehr bestehen konnten und – innerhalb weniger Jahrzehnte – verschwanden.

Der Tanzer-Hof ist ein geschlossener Dreiseithof. Wenn man von der Straße her durch ein hohes, holzverschlagenes Tor den engen Hof betritt, liegt an der rechten Seite das Wohnhaus. Zweigeschossig aus Ziegeln errichtet, blickt es mit großen Fenstern nach Osten und Westen, also zur Straße und zum Hof. Die Nordseite ist fast fensterlos, weil in Einberg dort ganz eng die Gebäude des Nachbarhofs standen. Das Wohnhaus enthält auch den Rinderstall, der aus Feldsteinen gemauert ist, und einen hölzernen Stadel. Parallel zu diesem Haus liegt entlang der Südseite des Hofes ein etwas niedrigeres Gebäude, das Waschküche, Backofen, Traktorgarage, einen Stadel für Stroh und

Der enge Hofraum des Tanzer-Hofs ist zur Straße hin mit einem hohen Tor geschlossen. Die Wohnräume des Haupthauses besitzen Fenster zum Hof und zur Straße. Diese zwei Schauseiten sind mit Putzgliederungen und farbig gefaßten Fensterbekrönungen geschmückt. Das Ziegelmauerwerk im Giebelfeld ist jedoch nur aufgemalt, dahinter liegt eine verputzte Holzkonstruktion. Das kleine Fenster des Nebengebäudes gehört zu einer kargen Mansardenkammer.

Die Decke der Schlafkammer wurde 1922 anläßlich einer Heirat mit Schablonen- und Freihandmalerei ausgeschmückt. Große Teile dieser Dekoration wurden im Original übertragen und restauriert.

Laubstreu, einen Wohnraum und verschiedene Räume für Wagen und Geräte birgt. An dessen Stelle stand bereits ein Zuhaus des Ursprungshofs, von dem wohl Mauerteile beim Neubau im Jahr 1900 verwendet wurden. Nach 1950 wurde dieses Gebäude ein Stück nach Westen verlängert, so daß die Auffahrt zur Tennbrücke unter Dach kam. Es war nun möglich, bei Bedarf einen weiteren Wagen samt Ladung schnell ins Trockene zu bringen. Diese Auffahrt verläuft schräg durch das Nebengebäude, damit der Anstieg mit möglichst geringer Neigung geschieht. Die vierte Seite des Hofes schließt die Tennbrücke, die bereits 1887 an das Wohnstallhaus von 1882 angefügt wurde. Über die Tennbrücke gelangt man in das obere Stockwerk des Stadels, also auf die Obertenne. Unter dieser Brücke führt eine niedrige, mit einem Brettertor verschlossene Durchfahrt auf die Hauswiese, die unmittelbar hinter dem Hof anschließt.

Der ständige Arbeitskräftemangel nötigte die Bauern am Tanzer-Hof zu einer strengen Ökonomie der Arbeitswege. Die Obertenne, die 1887 im Zuge der Erweiterung des Stadels gebaut wurde, brachte viele Erleichterungen. Heu und Stroh mußten nun nicht mehr weit nach oben gestapelt, sondern konnten von oben her aufgerichtet werden. Vom Wagen, der mit Hilfe der Ochsen auf die Tenne gefahren wurde, konnten auch die Rüben und Kartoffeln über Rutschen direkt in den ebenerdigen Keller geschafft werden. Von dort war nun ein ganz kurzer Weg in die Küche. Von der Tenne kann man auch in das Obergeschoß des Wohnhauses gelangen, Möbel mußten also nicht über die steile und schmale Flurtreppe geschafft werden, der Getreidekasten liegt unmittelbar an der Tennbrücke, das Bretter- und Pfostenlager im Nebengebäude kann von dort aus beschickt werden. Ebenso kurz sind die Wege im Hof, vom Stall zum Misthaufen, vom Stadel zum Stall, von der Küche in den Hof, zum Backofen, zum Stall, zum Ge-

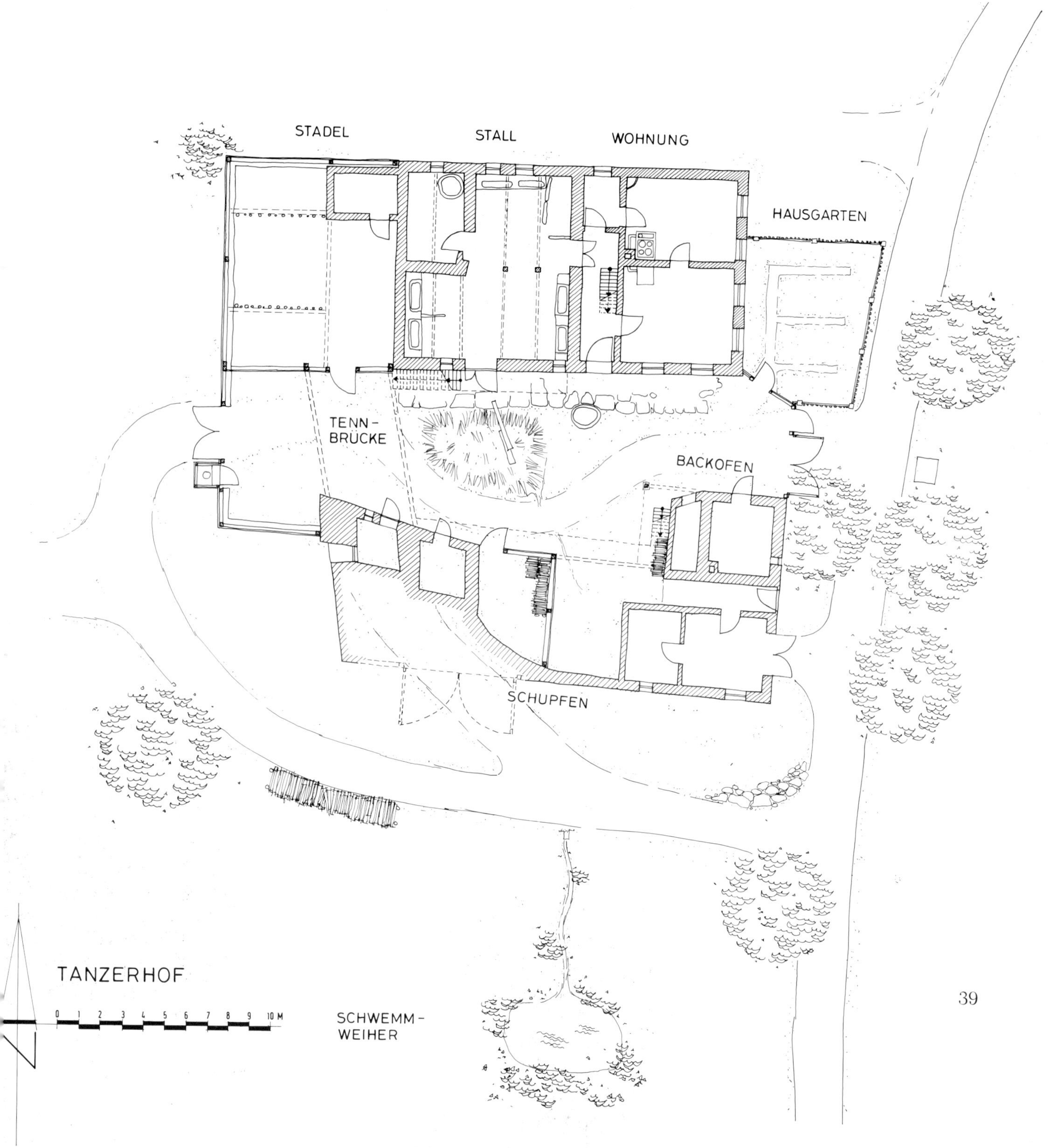

STADEL
STALL
WOHNUNG
HAUSGARTEN
TENN-
BRÜCKE
BACKOFEN
SCHUPFEN
TANZERHOF
0 1 2 3 4 5 6 7 8 9 10 M
SCHWEMM-
WEIHER

müsegarten. Wenn wir uns daran erinnern, was Ludwig Kainz, der Knecht auf dem Petzi-Hof war, erzählt hat, von den schweren Getreidesäcken, die er über den Hauflur und die zweiläufige Treppe in die Getreidekästen im Obergeschoß des Wohnhauses tragen mußte, dann wissen wir die Ökonomie der Wege am Tanzer-Hof zu würdigen.

Die reiche Ausmalung der Schlafkammer paßt, möchte man meinen, nicht zu einem Bauernhof so geringer Größe. Wir wissen jedoch aus einigen Forschungsarbeiten der Freilichtmuseen, daß solch aufwendige Wand- und Deckendekore nicht den Bürgern und großen Bauern vorbehalten waren. Diese Art der Wandgestaltung war seit Beginn des Jahrhunderts immer populärer geworden. „Mehrschlägige" Schablonen ermöglichten auch mehrfarbige und gestalterisch sehr anspruchsvolle Dekore. Firmen spezialisierten sich auf die Schablonenherstellung und Hausierer brachten sie unter die Leute, chemische Farben standen billig zur Verfügung. Später wurden Walzenmuster beliebter. Sie waren einfacher und schneller herzustellen. In der Stube, die viel häufiger ausgemalt werden mußte, waren mehrere Farbschichten mit Walzendekoren übereinander vorhanden.

Eine dieser Schichten wurde im Museum rekonstruiert. Sie entspricht der Zeit um 1960, als der Tanzer-Hof noch richtig in Betrieb war. Der ganze Hof wurde so wieder errichtet, wie er etwa um diese Zeit bestand, mit allen Erweiterungs- und Umbauten, den damals vorhandenen Geräten und Möbeln und Feuerstellen. Die ehemaligen Schlafkammern im Obergeschoß wurden allerdings nicht so eingerichtet, sondern erhielten eine schlichte moderne Ausstattung, weil diese Räume von Schulklassen, die das Freilichtmuseum Finsterau besuchen, benutzt werden.

Der Petzi-Hof aus Pötzerreut

Petzi-Hof aus Pötzerreut, Gde. Röhrnbach, Lkr. Freyung-Grafenau; geschlossener Vierseithof mit sieben Gebäuden: Wohnspeicherhaus (1704, Umbau 1867), Stallgebäude (18. Jh.) für Kühe, Schweine und Hühner, Ochsenstall (18. Jh.), Stadel (1927), Inhaus mit Stall und Stadel (1818), Backofen und Austragshaus (ca. 1847); Dächer mit Falzziegeldeckung, bei In- und Austragshaus ist das ursprüngliche Legschindeldach rekonstruiert; Bauzustand und Ausstattung entsprechen ca. 1930.

Von der Ausstattung sind besonders beachtenswert: kirschholzfurnierte Möbel der „schönen Kammer", Rauchkuchel im Kern des Wohnhauses (1987 im ganzen übertragen), Herd, Geschirr und Mobiliar der Stube, Sesselofen und Werkstatt im Inhaus, originale Holzböden und Decke im Ochsenstall; Dokumentation und Inventarisierung 1983–1986, Abtragung und Wiederaufbau 1985–1988.

Der Stadel ist nur in seiner Außenhaut rekonstruiert, im Inneren birgt er ein modernes, klimatisiertes Depotgebäude für Staplerbetrieb, das Verwaltungsarchiv und ein Inventarisationsbüro. Der Hausgarten mit Wassergrand, granitenen Zaunsäulen, Zaunlatten mit Ölfarbanstrich enthält zum Teil noch Originalpflanzen vom Petzi-Hof; die Straße am Petzi-Hof wurde 1984 in alter Steinsetztechnik errichtet; im Süden ist ein Obstgarten angelegt, eine doppelstämmige Linde ist als Hausbaum gepflanzt, neben der Straße steht eine Reihe hochstämmiger Mostobstbäume.

Als „malerischer Vierseithof" wurde der Petzi-Hof im Entwurf zur offiziellen Denkmalliste bezeichnet. Er war einer der letzten großen Höfe des Bayerischen Waldes, der ohne große Eingriffe der jüngsten Vergangenheit in seinem überkommenen Zustand erhalten geblieben ist.

Seit den späten dreißiger Jahren lag er gleichsam in einem Dornröschenschlaf. Der alte Bauer wollte nicht übergeben, die Hoffnung, daß die älteste der drei Töchter noch heiraten würde, war aufgegeben. Sie war 44 Jahre alt, als sie, nach dem Tod des Vaters, 1942 den Hof übernahm. Da war sie schon zu sehr in den Jahren, außerdem ohne Zukunftsperspektiven, als daß sie noch die Umstellung auf die moderne, technisierte Landwirtschaft hätte wagen wollen. Deshalb blieb ein ganzer Bauernhof so erhalten, wie er vor der Technisierung in der Landwirtschaft landauf, landab zu sehen war. Sogar das alte, von einem gemauerten Bogen überspannte Tor, das anderswo den großen Ladewägen weichen mußte, stand bis zuletzt. Die Stallungen aus dem frühen 18. Jahrhundert, mit hölzernen Dekken und kleinen Fenstern, massiven Standabtrennungen aus riesigen Granitplatten, aber natürlich ohne befahrbare Futterbühne, konnten bis zuletzt ihren Dienst tun. Ludwig Kainz, der letzte Großknecht am Hof, schaffte mit dem Schubkarren oder auf der Heugabel das Futter in den Stall.

Wenn man heute in Finsterau durch das niedrige Tor den Petzi-Hof betritt, scheint sich nichts geändert zu haben. Sogar der alte Weinstock rankt sich wieder an der Südwand des Wohnhauses hoch, neben dem Misthaufen wächst der Sauerampfer, auf den Trittfluren stehen Wegerich und Kamille, und an allen Ecken ist der Gute Heinrich zu finden.

Rechts vom Tor, im Süden des Anwesens, liegt das niedrige, langgestreckte Inhaus. Es war 1818 als Austragshaus errichtet worden, diente aber die meiste Zeit als Wohnung für sogenannte In- oder Häuslleute. Zuletzt war ein Kriegsgefangener, der in den vierziger Jahren als Zwangsarbeiter am Petzi-Hof tätig war, in einem verschließbaren Holzverschlag in der Stube untergebracht. Danach wurde das Haus nur noch als Werkstatt benutzt. An der anderen Seite des Tores schließen der Backofen und das jüngere Austragshaus an. Dieses Haus wurde um 1847 gebaut, weil im alten Austragshaus noch ein lediger Bruder des Altbauern wohnte. Die Nordwestecke des Hofes nimmt das Wohnhaus ein. Es überragt die Austragshäuser um eineinhalb Stockwerke. Das Erdgeschoß ist mit Ausnahme der Stube vollständig aus Feldsteinen gemauert, das obere Stockwerk ist zu drei Vierteln in Blockbau errichtet. Nur die Westseite wurde bei einem Umbau im Jahr 1867 als Schaufassade in verputztem Ziegelmauerwerk ausgeführt. Josef Riedl hieß damals der Besitzer, er hat sich mit seinen Initialen im granitenen Türsturz über dem Hauseingang verewigt. Der Blockbau von Stube und Obergeschoß, der sich über alle Umbauten hinweg erhalten hat, stammt aus dem Jahr 1704.

Den „malerischen" Eindruck verdankt der Hof dem Schrot, der entlang der Süd- und Ostseite des Wohnhauses angebracht ist. Das Nordgebäude birgt Kuh-, Hühner- und Schweinestall. Ochsenstall und Stadel bilden die Ostseite des Hofes. Vor dem Wohnhaus und den Ställen verläuft eine mit unregelmäßigen Granitplatten gepflasterte, erhöhte Gred.

Im Hof scharrt der Hahn mit seiner Hühnerschar auf dem Misthaufen, aus dem Stall dringt der Geruch der Kälber, das Wasser plätschert im Grand, und die Tauben ziehen ihre Kreise durch den Hof. Die Möbel in den Stuben und Kammern tragen die Spuren ihrer jahrzehntelangen Nutzung. In den Schränken der „schönen Kammer" türmt sich die nie gebrauchte Brautausstattung der letzten Bäuerin. Nur etwas sauberer ist es, als es zuletzt am Petzi-Hof in Pötzerreut gewesen war.

Ein besonderes Stück ist der Sesselofen in der Stube des Inhauses. Nach den Spuren an der Wand und im Boden und nach Vergleichsbeispielen aus dem inneren Böhmer- und Bayerischen Wald wurde dieser für das 18. und 19. Jahrhundert typische Herdofen rekonstruiert. Nicht allein das Äußere des gemauerten und zum Teil gekachelten Ofens wurde nachgebildet, sondern auch sein Innenleben mit den verwinkelten Zügen und Röhren.

Der Petzi-Hof ist im Museum so eingerichtet, wie er etwa um 1930 in Pötzerreut ausgestattet war. Aus dieser Zeit haben sich fast alle Möbel, Zeitungen und Kalender, Koch- und Vorratsgeschirr, Tisch-, Leib- und Bettwäsche

Bis 1986 war noch Leben am alten Petzi-Hof in Pötzerreut, wenn auch die Ställe und die Nebenhäuser bereits einsturzgefährdet waren.

und die landwirtschaftlichen Geräte erhalten. Auch die Öfen, die Türen und Fenster und die Kamine stammen aus dieser Zeit. Um 1930 wirtschaftete der Bauer Josef Petzi mit seiner zweiten Frau, zwei Töchtern und drei Dienstboten auf dem Petzi-Hof. Das Inhaus war von Häuslleuten bewohnt: Der Mann ging von morgens bis abends in den nahen Steinbruch arbeiten, Frau und Kinder mußten am Hof mithelfen.

1986 wurden die beiden Stallgebäude des Petzi-Hofs nach Finsterau übertragen. Nur noch wenige Maurer haben Erfahrung im Mauern von zweischaligem Feldsteinmauerwerk. Inhaus und Austragshaus waren schon fertig errichtet und mit Legschindeln eingedeckt, das Wohnhaus wurde 1987 als letztes übertragen.

Der Herdwinkel in der Stube des Petzi-Hof-Wohnhauses ist wieder so eingerichtet, wie er seit den dreißiger Jahren bis zuletzt bestand. Der emaillierte Sparherd wurde 1932 neu eingebaut.

▷ So urtümlich der Sesselofen im Inhaus des Petzi-Hofes auch wirken mag, er ist sehr klug gebaut und dient zum Wärmen der Stube, zum Kochen, Backen und Warmwasserbereiten.

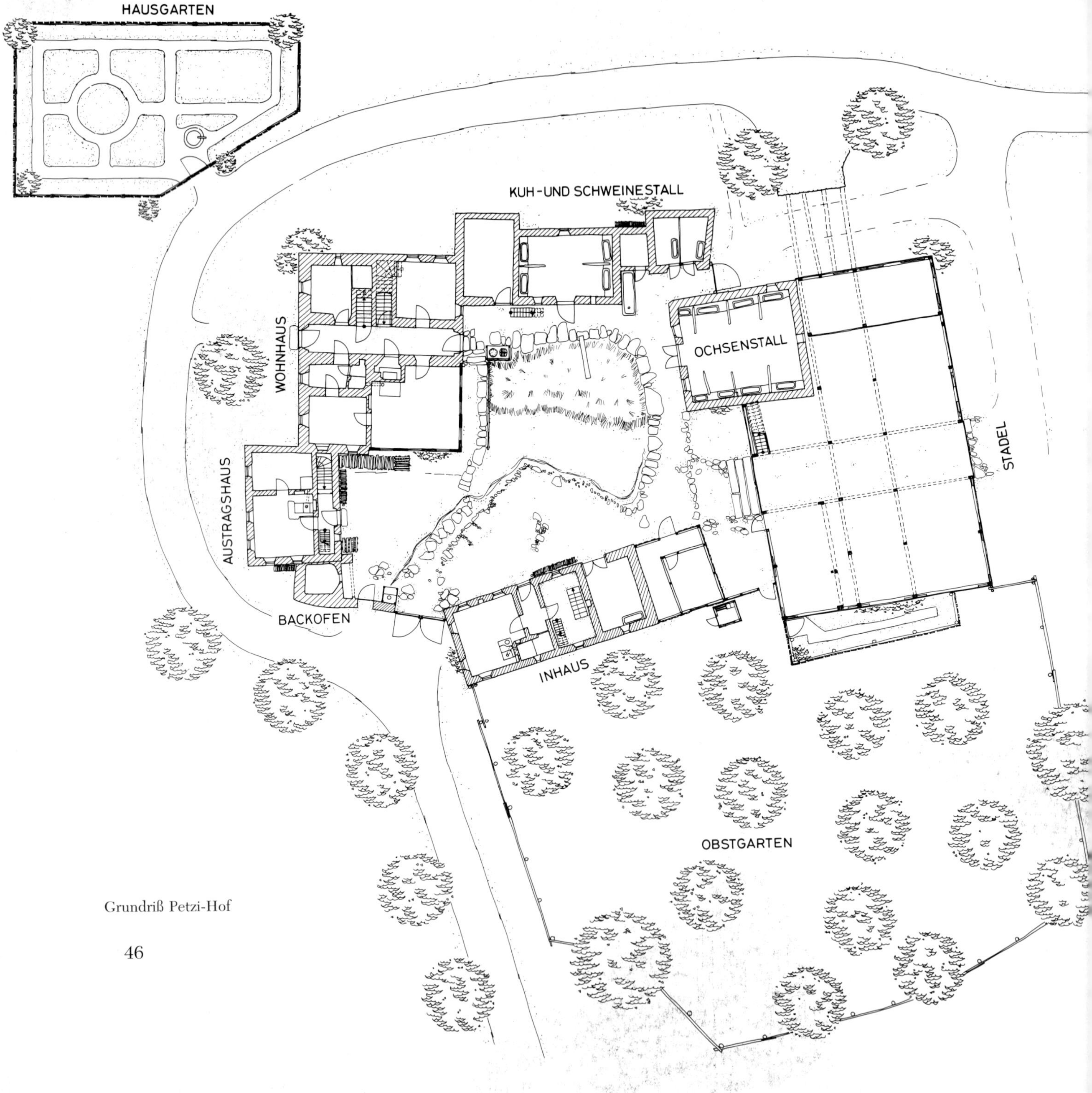

Grundriß Petzi-Hof

Vom Holz leben

Der Holzbedarf der Städte war enorm: Brennholz, Bauholz, Werkholz. In den Städten war es deshalb teuer. Fast wertlos aber war es in den Wäldern des Bayerischen und des Böhmerwaldes, vor allem in deren Höhenlagen entlang des Grenzkammes. Es war zu mühsam, die Bäume an den steilen Hängen zu schlagen, und es gab keine Wege und Straßen, das Holz dorthin zu schaffen, wo es Geld brachte, nämlich an die Ufer der Donau und der Moldau. Vor allem aber waren keine Menschen da, welche die Arbeit verrichtet hätten.

Deshalb ließen die Fürsten und Herzöge Dörfer entlang der Wege zwischen Böhmen und Bayern, Böhmen und Österreich errichten, hießen die Siedler in immer unwirtlichere Höhen vordringen. Dort gaben sie ihnen Land, damit sie sich ihre Nahrung besorgen konnten. Und sie gaben ihnen Arbeit im Wald, denn von der Landwirtschaft allein konnten die Menschen in diesen Höhen bis 1000 m nicht mehr leben. Und so bauten diese Menschen Steige, Straßen und Triftkanäle und arbeiteten „im Holz".

Dieses Leben vom und mit dem Holz dokumentiert das Freilichtmuseum Finsterau in einer eigenen Baugruppe, deren Kern eine Kohlstatt und eine Holzhauerhütte bilden.

Abseits von den Häusern und Höfen des Museums ist die *Kohlstatt* mit der kargen Köhlerhütte, dem Kohleschuppen und den eigentlichen Kohlstätten aufgebaut. Auf drei nahe beieinanderliegenden kreisrunden Plätzen werden im Wechsel die Holzkohlenmeiler errichtet. Während der eine, geschützt unter einer luftdichten Decke aus Lösch, einer Mischung aus Kohlenstaub und Humus, „abbrennt", wird der nächste bereits vorbereitet.

In früherer Zeit gehörten die blauweißen Rauchschwaden, die da und dort von den Kohlstätten des Waldes aufstiegen, zum Alltagsbild unserer holzreichen Mittelgebirge. Heute kennen die meisten den Köhler nur noch aus Märchen und Erzählungen. Aber noch vor kaum mehr als einhundert Jahren mußte mit der Holzkohle der Waldmeiler der ganze Bedarf der Glashütten und Eisenwerke gedeckt werden.

Holzkohle benötigte stets auch der Dorfschmied. Da Holzkohle beim Verbrennen mehr Hitze erzeugt als Holz, war sie für den Schmied unentbehrlich.

Der Köhler betrieb ein unbeliebtes Gewerbe. Der Raubbau am Wald, seine Betätigung abseits von den Siedlungen und sein meist unansehnliches Äußeres stellten ihn an den Rand der Gesellschaft. Und daß ihn, wie es in einem alten Lied heißt, weder Sucht noch Fieber plagten,

Die Arbeit „im Holz" war für Kleinbauern und Häusler im Bayerischen Wald eine wichtige Verdienstmöglichkeit. Die aufgestellten Wurzelteller der Bäume lassen annehmen, daß hier ein Windwurf aufgearbeitet wurde. Für den Photograph posierte die „Partie" um 1910 mit ihren Werkzeugen. Auch die Tracht der Holzhauer, ihre Bärte und Physiognomien verdienen Beachtung.

war gewiß mehr Wunsch als Wirklichkeit, denn seine ständige Arbeit im stickigen Rauch des schwelenden Meilers war gesundheitsschädlich. Heute weiß man, daß die häufigsten Todesursachen der Köhler Lungen- und Hautkrebs waren, die – ähnlich dem Raucherkrebs – auf die ständige Einatmung der Holzgase und die Berührung mit Holzteer zurückzuführen sind.

Das „Abbrennen" eines Kohlenmeilers ist ein schwieriges Handwerk, geht es doch darum, das Holz lediglich zu entgasen, nicht aber zu verbrennen. Beim Verkohlen von Holz werden durch Hitze Wasser, Harz, Teer und Gase aus dem Holz ausgetrieben. Nur durch Drosseln oder Fördern der Luftzufuhr in den Meiler kann der Köhler auf den einmal entfachten Abbrand Einfluß nehmen. Gasfreie, trockene Holzkohle brennt mit hoher Temperatur und unter sehr geringer Rauchentwicklung ab.

Jeden Mai wird im Freilichtmuseum ein Holzkohlenmeiler errichtet und abgebrannt.

Der vordere der drei Meiler im Freilichtmuseum Finsterau ist schon betriebsbereit, während der mittlere noch auf seine Abdeckung mit Fichtenreisig und Erde wartet. Über die bewegliche Brücke ersteigt der Köhler den Meiler, um von oben her die Feuerscheiter nachzulegen. Am Gipfel werden auch die Löcher gestochen, durch die in weißen Schwaden Wasserdampf und Holzgase entweichen.

Wenn der Meiler abgeräumt wird, muß die glühende Kohle mit Wasser abgelöscht werden. Zuviel Wasser würde die Kohle naß und unbrauchbar machen.
Wenn aber ein Stück Kohle nach dem Ablöschen noch unbemerkt glüht, kann in der Lagerhütte oder beim Transport Feuer entstehen und die Arbeit von vielen Wochen zunichte machen.

Die *Hirschkopfhütte* ist das jüngste Gebäude des Freilichtmuseums. „Johann Degenhart Mauth 1907" steht mit Bleistift an die Blockwand der ehemaligen Holzhauerhütte geschrieben. Es war wohl der Haumeister, der sich als Erbauer der Hütte dort verewigt hat. Bauherr war das Königreich Bayern, dem der Forst rund um Lusen und Rachel gehörte, und in dessen Diensten Johann Degenhart stand. Die veränderte Arbeit im Wirtschaftswald und vor allem die Rücknahme der Nutzung im Nationalpark Bayerischer Wald machten die Hirschkopfhütte nutzlos, sie drohte zu verfallen.

Der derbe Blockbau der Hütte ist auf einem Sockel von Granitsteinen errichtet. Die Bäume sind nur innen behauen, nach außen blieb das Rundholz sichtbar. Im Erdgeschoß befindet sich eine Stube mit Sesselofen, Tisch und Eckbank und einem breiten Bett. Zwei Fenster machen den Raum hell, die Wände sind mit Nut-und-Feder-Brettern verschlagen. Im Dachgeschoß sind zwei Kammern

In den fünfziger Jahren wurde im Dachgeschoß der Hirschkopfhütte diese gemütliche Dachkammer ausgebaut.
Die Blockbauhütte, die 1907 erbaut wurde, stand an ihrem alten Standort auf dem Hirschkopf im Nationalpark Bayerischer Wald auf einem gemauerten Granitsockel. Die zwei Fenster, von denen man früher einen freien Blick auf das Dorf Finsterau hatte, gehören zur Stube, die den größten Teil des Erdgeschosses einnimmt. Unter dem Dach sind an der Eingangsseite die Fenster der Giebelkammer zu erkennen.

ausgebaut. Die größere der beiden ist mit einem kleinen Ofen beheizbar.

Ursprünglich war die Hütte wohl derber. Das Erdgeschoß war ein einziger Raum, in dem die Blockwände sichtbar waren, der Boden war gestampfte Erde. Im Dachboden war allenfalls ein notdürftiges Lager, das durch eine freie Treppe an der Rückseite des Hauses erreicht werden konnte. Diese Treppe wurde erst in den fünfziger Jahren mit Holz verschlagen, als das Dach erneuert und mit einem Gaubenfenster versehen wurde. Die Raumabtrennungen in beiden Wohnebenen stammen aus dieser Zeit, ebenso der Sesselofen. Zu dieser Zeit aber war die Hütte nicht mehr vorrangig für die Holzhauer da, sondern für den Förster, der von dort aus zu seinen Reviergängen und zur Jagd aufbrach. Dort empfing er die Berichte der Haumeister, und er saß mit Freunden und auch mit seinen Holzhauern beisammen. Während das Feuer im Ofen prasselte, der Hafen mit dem Malzkaffee auf der Herdplatte dampfte und die klammen Hände auftauten, wurden die alten Geschichten erzählt, die schon so oft erzählt worden waren, und manchmal auch eine neue.

Rund um eine Holzhauerhütte breitet sich eine großzügige freie Fläche aus, auf der gelegentlich eine „Loudhüttn", also eine einfache Rindenhütte, errichtet, wo Stamm- und Blöcherholz gelagert und für den Abtransport vorbereitet wurde. Vom alten Standort der Hirschkopfhütte hatte man einen malerischen Blick auf das Dorf und die Fluren von Finsterau und Heinrichsbrunn, zuletzt aber waren Fichten und Ahorn nahe an der Hütte so hoch gewachsen, daß sogar die Sonne nur wenige Stunden die Hütte beschien.

Die Wirtschaft in einem staatlichen und herrschaftlichen Forst unterscheidet sich deutlich von einem Bauernwald, aus dem Brenn- und Bauholz nur herausgeschnitten wurden, in dem der Kahlhieb seltene Ausnahme war. Wie ein solcher Bauernwald aussieht, soll einmal in den an das Museum angrenzenden Waldstücken gezeigt werden.

Nebengebäude: Granitstall, Dörrboden, Raidl-Haus und Brechhaus

Granitstall aus Rosenberg, Lkr. Freyung-Grafenau; erbaut 1789(?), abgebaut 1979, im Museum wiedererrichtet 1982, fertiggestellt 1986; Wassergrand aus Gsenget, datiert 1791; Hühnergatter an den Türen rekonstruiert.

Dörrboden aus Lackenhäuser, Lkr. Freyung-Grafenau; erbaut wohl 19. Jahrhundert, abgebrochen 1970, im Museum wiedererrichtet 1979.

Bei kleineren landwirtschaftlichen Anwesen ist, wie beim Sachl, alles unter einem Dach zusammengefaßt: Wohnung, Austragskammer, Backofen, Keller, Stall, Stadel, Tenne und Getreidekasten. Größere Betriebe haben an der Tradition festgehalten, für jeden Zweck ein eigenes Gebäude zu errichten. Seit dem 19. Jahrhundert waren die Bauern zudem bestrebt, diese Gebäude so anzuordnen, daß ein allseits von Häusern umschlossener Hof entstand. Der Petzi-Hof im Freilichtmuseum ist dafür ein besonders eindrucksvolles Beispiel. Aus anderen Höfen des Landkreises Freyung-Grafenau stammen einige Gebäude, die im Museum nun frei aufgestellt sind.

Der *Granitstall* aus Rosenberg war ursprünglich als Kuh- und Ochsenstallung in eine Vierseithofanlage eingebunden. Bemerkenswert an diesem Bau ist, daß fast alle Bau- und Einrichtungsteile aus Granit gefertigt sind: massive Granitplatten als Decke, gehalten durch dicke steinerne Unterzüge, die auf sorgfältig behauenen Granitsäulen aufruhen. Auch der Boden des Mist-Futter-Ganges, die Barren und die Abteilungen der Stände sind aus Granit hergestellt. Diese massive Bauweise mag zu aufwendig erscheinen, aber wir müssen ja bedenken, daß in dieser Gegend der Granit als Baustoff „vor der Tür" lag. Die Arbeitskräfte, Leute wie Alois Graf, dem das Sachl in Rumpenstadl gehörte, waren zudem billig. Ihren Lohn erhielten sie oft in Brotgetreide ausbezahlt. Außerdem war es auf lange Sicht eine ökonomische Bauweise, weil sie, im Gegensatz zum Bauen mit Holz, verrottungsbeständig war. Granitställe sind regional an Granitvorkommen gebunden.

Der *Dörrboden* aus Lackenhäuser ist mit einem einfachen Mechanismus ausgestattet, mit dessen Hilfe eine Art Schublade auf eine Balkenkonstruktion vor dem Haus hinausgefahren werden kann. In der Lade wurde nasses oder unreifes Getreide ausgebreitet und bei geeignetem Wetter an die Sonne befördert. Das Gebäude ist ein rechteckiger Blockbau aus starken Fichtenbalken auf einer Grundfeste von Granitsteinen. Das stark geneigte Dach besitzt eine Scharschindeldeckung.

Das *Raidl-Haus* war ein Nebenhaus in einem größeren Hof in Böhmzwiesel. Die Fassade mit dem Balusterschrot blickte zur Dorfstraße. Zwei Wohnräume, ein ebenerdiger Keller und ein Speicherraum waren zu einer Austragswohnung geeignet. Im rückwärtigen Teil befindet sich ein sorgfältig gezimmerter Getreidekasten. Die massive Kastentür ist großzügig mit Eisen beschlagen.

Flachsbrechhäuser waren wegen der Brandgefahr meist abseits des Hofes oder Dorfes gelegen. Das machte sie wiederum zu beliebten Treffpunkten für Liebespaare. Der alte Ludwig Kainz vom Petzi-Hof wußte zu berichten, daß es selten langweilig war, wenn zum Dörren des Flachses Tag und Nacht geheizt werden mußte. Das Flachsbrechhaus des Freilichtmuseums besteht aus drei verschiedenen Konstruktionsteilen: einem in Blockbauweise errichteten Dörr-Raum, dem gemauerten Heizherd mit Kamin und dem eigentlichen Brechelraum, der als verbrettertes Ständergerüst gezimmert ist.

Im Flachsbrechhaus fanden zwei wichtige Arbeitsgänge bei der Flachsverarbeitung statt: das Dörren der Flachsstengel und das anschließende Brecheln im Vorraum.

Wenngleich Granit ein wertvollerer Werkstoff als Marmor ist, war er doch für die Bauern im Unteren Bayerischen Wald erschwinglich. Er lag ja „vor der Tür“ in den eigenen Feldern und Wäldern. Taglöhner für die Arbeit des Behauens, die sich im Winter ein paar Scheffel Korn dazuverdienen wollten, gab es genug.

Der Dörrboden aus Lackenhäuser

Flachsbrechhaus aus Rehberg, Lkr. Freyung-Grafenau; errichtet wohl Mitte 19. Jahrhundert, abgebrochen 1979, wiedererrichtet 1982.

Raidl-Haus aus Böhmzwiesel, Lkr. Freyung-Grafenau; zweigeschossiger Kantholzblockbau aus einem geschlossenen Dreiseithofverband, Legschindeldach, Fenster im 19./20. Jahrhundert vergrößert; erbaut oder umgebaut 1775 (datiert über der Eingangstür), abgebaut 1977, bis 1980 im Museum wiedererrichtet; 1985–88 geöffnet mit einer Begleitausstellung zum Aufbau des Petzi-Hofes.

Im Südosten des Raidl-Hauses wurde 1982 ein Backofen aufgestellt, der aus Bösmaign, Gde. Schöllnach, Lkr. Deggendorf, stammt. Auf einem hölzernen Gerüst ist aus Lehm und Feldsteinen ein Gewölbe geformt, in dessen Stirnwand eine Schüröffnung mit Graniteinfassung eingebaut ist. Der Backofen hat 1990 einen neuen Standort bei der Schmiede aus Grattersdorf erhalten.

Nur die Übertragung ins Freilichtmuseum hat dieses verfallende Flachsbrechhaus bewahrt. Es gehört nun zu den letzten, die im Bayerischen Wald noch erhalten sind.

Die alte Photographie zeigt den Raidl-Hof mit dem Austragshaus von 1775. Das gemauerte Wohnhaus aus dem späten 19. Jahrhundert besteht noch am alten Standort in Böhmzwiesel bei Waldkirchen

▷ Im Museum steht das Raidl-Haus losgelöst aus dem Hofverband.

Abbildungsnachweis

Stadtarchiv Deggendorf: 13 rechts
Archiv Freilichtmuseum Finsterau: S. 8, 20 links, 22, 49, 56
Archiv Freilichtmuseum Finsterau (Aufnahme Gertrud Dilling): S. 15, 20 rechts, 23, 27, 37
Archiv Freilichtmuseum Finsterau (Aufnahme Foto Hintermann): S. 33
Archiv Freilichtmuseum Finsterau (Aufnahme Josef Lang): S. 52
Archiv Freilichtmuseum Finsterau (Aufnahme Martin Ortmeier): Umschlag S. 1, S. 17, 19, 25, 28, 31, 35, 37, 38, 43, 45, 47, 50, 51, 55
Archiv Freilichtmuseum Finsterau (Graphik Hans Eichinger): S. 16, 22, 29, 33, 39, 46
Staatsarchiv Landshut: S. 13 oben
Stadtarchiv Passau: S. 6, 11, 12
Privatarchiv Manfred Stolper: S. 13. links